Sitzungsberichte
der Heidelberger Akademie der Wissenschaften
Mathematisch-naturwissenschaftliche Klasse
Jahrgang 1928. 14. Abhandlung.

Beiträge zur GALOIS schen Theorie

Von

Reinhold Baer

in Halle a. S.

Vorgelegt von Herrn Alfred Loewy in Freiburg i. Br.

Eingegangen am 20. September 1928

Berlin und Leipzig 1928

Walter de Gruyter & Co.

vormals G. J. Göschen'sche Verlagshandlung / J. Guttentag, Verlagsbuchhandlung / Georg Reimer / Karl J. Trübner / Veit & Comp.

Beiträge zur GALOISschen Theorie.

Einleitung.

Im § 1 stellen wir kurz die Haupttatsachen der Galoisschen Theorie zusammen, so wie wir sie hier benutzen werden.[1])

Im § 2 übertragen wir einige Ergebnisse und Begriffe aus der Theorie der Mischgruppen auf die Galoissche Theorie[2]); es handelt sich hier einerseits um die Frage, wann aus der Existenz einer Untermischgruppe der Mischgruppe aller Isomorphismen eines Körpers auf die eines Unterkörpers geschlossen werden kann; es ergibt sich, daß sich dies nicht allein aus dem Verhältnis der Untermischgruppe zur Mischgruppe bestimmen läßt, daß hierfür vielmehr die Gruppe des kleinsten unseren Körper enthaltenden Normalkörpers entscheidend ist, durch deren Zerlegung unsere Isomorphismenmischgruppe gewonnen wurde; andererseits fragen wir danach, wann sich ein Isomorphismus eines Körpers zu einem Automorphismus eines Oberkörpers erweitern läßt, der nicht ein Normalkörper ist. Die hierfür in Frage kommenden Körper lassen sich durch die Eigenschaften ihrer Mischgruppen charakterisieren.

Wir haben so die Mittel gewonnen, um im § 3 die Eigenschaften der folgenden Körperklasse, die als Spezialfälle die affektlosen und normalen Körper unter sich begreift, zu studieren; es handelt sich um Körper, die von ihren konjugierten Körpern möglichst unabhängig sind, d. h. es soll möglich sein, unter dem System der konjugierten Körper beliebige Permutationen vorzunehmen, und ihnen gleichzeitig unabhängig

---

[1]) Zu Grunde liegt eine Darstellung der Galoisschen Theorie, wie sie sich unter Benutzung DEDEKINDscher und STEINITZscher Begriffe aus den Darstellungen: A. LOEWY: Neue elementare Begründung und Erweiterung der Galoisschen Theorie; Sitz.-Ber. d. Heidelberger Akad. d. Wiss., Math.-Nat. Klasse 1926 (7) und 1927 (1), zitiert mit L. I und L. II. H. HASSE: Höhere Algebra II. (1927), Sammlung Göschen 932. F. K. SCHMIDT: Bemerkungen zum BRANDTschen Gruppoid; Sitz.-Ber. d. Heidelberger Akad. d. Wiss., Math.-Nat. Kl. 1927 (8), § 2, p. 97 ss. W. KRULL: Galoissche Theorie der unendlichen algebraischen Erweiterungen; erscheint demnächst in den Math. Ann., zitiert mit Kr., ergibt.

[2]) cf. A. LOEWY: Journ. f. d. r. u. a. Math., Bd. 157 (1927), p. 239—254. R. BAER: Zur Einordnung der Theorie der Mischgruppen in die Gruppentheorie; Sitz.-Ber. d. Heidelberger Akad. d. Wiss., Math.-Nat. Kl. 1928 (4), zitiert mit „Mg". R. BAER: Über die Zerlegungen einer Mischgruppe nach einer Untermischgruppe; Sitz.-Ber. d. Heidelberger Akad. d. Wiss., Math.-Nat. Kl. 1928 (5), zitiert mit „Mz".

voneinander beliebige — mögliche — Automorphismen vorzuschreiben. Es zeigt sich, daß diese Körper im allgemeinen mit jedem ihrer konjugierten nur den Grundkörper als Durchschnitt haben; sie haben nur endlich viele konjugierte Körper, enthalten einen affektlosen Körper, über dem sie normal sind usw.

Im § 4 schließlich behandeln wir eine Verallgemeinerung dieser Fragestellung, die sich aus der Theorie der Zerlegungen einer Mischgruppe nach einer Untermischgruppe natürlich ergibt.

Wir setzen die Begriffe und Ergebnisse unserer beiden Abhandlungen Mg und Mz im wesentlichen als bekannt voraus.

Bezeichnungen:

$A \cap B$ = Durchschnitt von A und B; $a \varepsilon B$ = a ist Element von B; N (A < B) ist der Normalisator der Untergruppe A in der Gruppe B, $\mathfrak{K}(\mathfrak{A})$ der Kern der Mischgruppe $\mathfrak{A}$.

Im allgemeinen werden Körper durch große griechische: $A, B, \Gamma, K, \ldots$, ihre Elemente durch kleine griechische: $\alpha, \ldots$, Automorphismengruppen durch große lateinische: A, G, ..., ihre Elemente durch kleine lateinische: a, ..., Isomorphismenmischgruppen durch große deutsche: $\mathfrak{A}, \mathfrak{K}, \ldots$, ihre Elemente durch kleine deutsche Buchstaben: $\mathfrak{a}, \mathfrak{k}, \ldots$ bezeichnet.

§ 1. Die Grundlagen.

Sei K ein beliebiger Körper, Γ algebraisch, normal oder Galoissch und 1. Art über K, d. h. eine irreduzible Gleichung in K hat in Γ entweder keine oder alle und jedenfalls keine mehrfachen Wurzeln. Weiter sei G die Gruppe aller Automorphismen[1]) von Γ, bei denen K [elementweise] invariant bleibt.

I. *Sei* $\alpha_i \varepsilon \Gamma$ (i = 1, 2); *dann und nur dann gibt es einen Automorphismus* $a \varepsilon G$, *der* α_1 *in* α_2 *überführt, wenn* α_1 *und* α_2 *der gleichen irreduziblen Gleichung in K genügen.*

Ia. *Seien A, B zwei Körper derart, daß* $K \leq A \leq B \leq \Gamma$; *dann und nur dann ist* $A \neq B$, *wenn es einen Automorphismus* $a \varepsilon G$ *gibt, der in A den identischen, in B einen nicht-identischen Isomorphismus induziert.*

Ib. *Ist* A *die Gruppe aller und nur der Elemente aus* G, *bei denen der Körper A zwischen K und Γ elementweise invariant bleibt, so ist ein Körper B zwischen K und Γ dann und nur dann ein [echter oder unechter] Unterkörper von A, wenn B ebenfalls bei allen Automorphismen aus* A *elementweise invariant bleibt.*

Sei jetzt $\mathfrak{A}$ das System der Isomorphismen von A, die durch Automorphismen aus G induziert werden.

[1]) im Sinne von STEINITZ oder HASSE l. c.

II. *Ist* $\| \mathrm{G} / \mathrm{A} \|$ *die Zerlegungsmischgruppe, die durch Zerlegung von* G *in Klassen nach* A *entsteht, und* $\mathrm{N}(\mathrm{A} < \mathrm{G})$ *der Normalisator von* A *in* G, *so ist das System*

$$\mathfrak{A} = \| \mathrm{G} / \mathrm{A} \|$$

eine Mischgruppe, nämlich die Isomorphismenmischgruppe von A, deren Kern

$$\mathfrak{K}(\mathfrak{A}) = \mathrm{N}(\mathrm{A} < \mathrm{G}) / \mathrm{A}$$

alle und nur die Automorphismen von A aus $\mathfrak{A}$ *umfaßt.*[1])

IIa. *Dann und nur dann ist A normal über K, wenn* A *Normalteiler von* G, *d. h. wenn* $\mathfrak{A}$ *eine Gruppe von Automorphismen von A ist.*

IIb. *Zwei Isomorphismen aus* $\mathfrak{A}$ *führen A dann und nur dann in den gleichen, zu A konjugierten, ev. mit A identischen Körper über, wenn sie zur gleichen Klasse von* $\mathfrak{A}$ *nach* $\mathfrak{K}(\mathfrak{A})$ *gehören; zwischen den Klassen von* $\mathfrak{A}$ *nach* $\mathfrak{K}(\mathfrak{A})$ *und den zu A [hinsichtlich K] konjugierten Körpern wird hierdurch also eine eindeutige Zuordnung bewirkt.*

III. *Enthält* A *einen Normalteiler* N *von* G, *so ist:*

$$\mathfrak{A} = \| \mathrm{G} / \mathrm{A} \| = \| \mathrm{G} / \mathrm{N} / \mathrm{A} / \mathrm{N} \|^{2});$$

ist N *der größte Normalteiler dieser Art, so ist der Vereinigungskörper N der zu A konjugierten Körper der bei allen und nur den Elementen aus* N *elementweise invariant bleibende Körper;* G / N *ist die Gruppe der Automorphismen von N über K und wegen des Zusatz zu Satz 6 des § 2 von Mg ist* G / N *einer Gruppe ähnlicher Abbildungen von* $\mathfrak{A}$ *auf sich isomorph.*

Wir nehmen jetzt die folgende Zuordnung zwischen den Untergruppen R von G und den Körpern P zwischen K und Γ vor:

(ZG) $\mathrm{R} \to P$,	(ZK) $P \to \mathrm{R}$,
wenn P der Körper aller und nur der Elemente aus Γ *ist, die bei allen Automorphismen aus* R *invariant bleiben.*	*wenn* R *die Gruppe aller und nur der Automorphismen aus* G *ist, bei denen P elementweise invariant bleibt.*

Dann folgt sofort aus Ia und Ib:

IV. *Aus* $P \to \mathrm{R} \to P'$ *folgt stets* $P = P'$.[3])

Dagegen gilt:

Va. *Aus* $\mathrm{R} \to P \to \mathrm{R}'$ *folgt dann und nur dann stets* $\mathrm{R} = \mathrm{R}'$ *wenn* Γ *über K endlich ist.*[4])

---

[1]) cf. L. II., Satz 1a, p. 9. [2]) cf. L. II., Satz 1, p. 6.

[3]) Dies hörte auf richtig zu sein, wenn Γ nicht erster Art über K wäre, da dann Ia. nicht mehr richtig wäre.

[4]) cf. Kr

Um jetzt im allgemeinen Fall unter den Untergruppen R von G die zu charakterisieren, für die aus R → *P* → R′ stets auch R = R′ folgt, nehmen wir nach W. Krull eine *Topologisierung* von G vor:

Umgebungen in G *sind alle die Untergruppen* E *von* G, *welche Gruppen aller einen über K endlichen Körper E elementweis invariant lassenden Automorphismen aus* G *sind, sowie die Restklassen nach solchen Untergruppen in* G; *jede dieser Umgebungen ist Umgebung aller ihrer Elemente.*

Dann ist G zu einer S-Gruppe gemacht [1]) und also 0-dimensional [2]). Weiter ist G vollständig abgeschlossen [3]) und es gilt:

V b. *Aus* R → *P* → R′ *folgt dann und nur dann* R = R′, *wenn* R *in* G *abgeschlossen ist.*[4])

Wir können also der Isomorphismenmischgruppe $\mathfrak{R} = \| G / R \|$ von *P*, da R als Gruppe von *P* abgeschlossen ist, die natürliche Topologie von G aufprägen.[5])

§ 2. Übertragung der Mischgruppentheorie auf die Körpertheorie.

Sei *A* ein Körper zwischen *K* und *Γ*; wegen III des § 1 können wir annehmen, daß G, die Automorphismengruppe von *Γ*, einer Gruppe ähnlicher Abbildungen von $\mathfrak{A}$, der Isomorphismenmischgruppe von *A*, isomorph ist, daß also *Γ* der kleinste *A* umfassende Normalkörper über *K*, d. h. der Vereinigungskörper der zu *A* konjugierten Körper ist.

Sei $\mathfrak{B}$ eine Untermischgruppe von $\mathfrak{A}$ gemäß Definition 1 des § 1 von Mg.

Satz 1: *Dann und nur dann gibt es einen Körper B zwischen K und A, der bei allen und nur den Isomorphismen von* $\mathfrak{B}$ *elementweise invariant bleibt, wenn sich eine Zerlegung von* $\mathfrak{A}$ *nach* $\mathfrak{B}$ *in* G *gemäß* (Z) *des § 1 von Mz realisieren läßt*[6]) *und wenn* $\mathfrak{B}$ *in* $\mathfrak{A}$ *abgeschlossen ist, wobei* $\mathfrak{A}$ *in natürlicher Topologie vorliegt.*[7])

Wir fassen G gleichzeitig als Automorphismengruppe von *Γ* und als Gruppe ähnlicher Abbildungen von $\mathfrak{A}$ auf.

A. Ist eine Zerlegung von $\mathfrak{A}$ nach $\mathfrak{B}$ in G realisierbar, so gibt es eine Untergruppe B von G, so daß $\mathfrak{B}$ bei allen und nur den ähn-

---

[1]) cf. R. Baer: Zur Topologie der Gruppen, Definition 2 des § 1; die Arbeit erscheint demnächst im Crelleschen Journal Bd. 160, zitiert mit TG.

[2]) cf. TG: Zusatz zu Satz 2 des § 1.

[3]) cf. TG: § 4, (V) 3; G und jede in G abgeschlossene Gruppe ist also mit der zugehörigen Gruppe idealer Elemente [in sinngemäßer Verallgemeinerung des Prüferschen Begriffs] identisch; cf. H. Prüfer: Math. Zeitschr. 22 (1925), p. 223.

[4]) cf. Kr. [5]) cf. TG: Zusatz zu Satz 6 des § 1 und Satz 2b des § 3.

[6]) cf. F. K. Schmidt l. c. p. 103. [7]) cf. Anm. 5.

lichen Abbildungen aus B in sich übergeht, so daß B hinsichtlich $\mathfrak{B}$ transitiv ist, und so daß A von B umfaßt wird. Dann ist $\|B/A\|$ isomorph zu $\mathfrak{B}$.

Gemäß Vb des § 1 gehört zu B ein Körper B zwischen K und Γ der wegen Ib des § 1 ein Unterkörper von A ist und die verlangten Eigenschaften hat. Denn nach Satz 1 des § 1 von Mz geht $\mathfrak{B}$ bei Abbildungen aus G entweder in sich oder in ein fremdes System aus $\mathfrak{A}$ über und nach Zusatz 3 zu Satz 6 des § 1 von TG, der wegen Satz 2b des § 3 von TG anwendbar ist, ist mit $\mathfrak{B}$ auch B abgeschlossen.

B. Ist umgekehrt B ein Körper zwischen K und A, der bei allen und nur den Isomorphismen aus $\mathfrak{B}$ elementweise invariant bleibt, so gibt es gemäß (ZK) des § 1 eine Untergruppe B von G, die alle und nur die Elemente aus G enthält, welche den identischen Isomorphismus von B induzieren. Wegen Ib des § 1 wird A von B umfaßt; nach dem oben gezeigten geht $\mathfrak{B}$ bei allen und nur den ähnlichen Abbildungen aus B in sich über, bei ähnlichen Abbildungen aus G, aber nicht aus B, jedoch in ein fremdes System; weiter ist B also transitiv gegenüber $\mathfrak{B}$ und $\|B/A\|$ isomorph zu $\mathfrak{B}$; schließlich ist $\mathfrak{B}$ abgeschlossen, da B nach Vb des § 1 es ist und aus dem gleichen Grunde wie ad A. Hieraus und aus II des § 1 folgt der

Zusatz: *Die Isomorphismenmischgruppe von B ist:*

$$\|\mathfrak{A}/\mathfrak{B}\| = \big\|\,\|G/A\| \,/\, \|B/A\|\,\big\| = \|G/B\|;$$

die Komposition der Zerlegungsmischgruppe von $\mathfrak{A}$ *und* $\mathfrak{B}$ *ist also gemäß* (K) *des* § 7 *von* Mz *durch die Komposition der Quotientenmischgruppe* $\|G/B\|$ *zu bestimmen.*[1])

Satz 2: *Dann und nur dann ist* $\mathfrak{B}$ *eine Untergruppe des Kerns* $\mathfrak{K}(\mathfrak{A})$ *von* $\mathfrak{A}$, *wenn A über B normal ist.*

Denn dann und nur dann ist A über B normal, wenn jeder Isomorphismus von A, der B elementweise invariant läßt, ein Automorphismus von A ist (wegen IIa des § 1!). Wegen II des § 1 gehören aber alle und nur die Automorphismen von A zum Kern von $\mathfrak{A}$.

Zusatz: *Zu jeder in* $\mathfrak{K}(\mathfrak{A})$ *abgeschlossenen Untergruppe* $\mathfrak{B}$ *des Kerns von* $\mathfrak{A}$ *gehört ein Körper B gemäß Satz 1, wobei wieder die natürliche Topologie von* $\mathfrak{A}$ *zugrunde zu legen ist.*

Dies folgt aus dem Satz 1 und dem Zusatz zu Satz 4 des § 1 von Mz, wenn man noch bedenkt, daß der Normalisator einer abgeschlossenen Untergruppe von G abgeschlossen ist.[2])

---

[1]) cf. Anm. [2]) von Mz, p. 4.

[2]) cf. TG: Zusatz des Satz 2b des § 3.

Für beliebiges $\mathfrak{B}$, dem aber gemäß Satz 1 ein Körper B entspreche, erhalten wir also eine in G realisierbare Zerlegung von $\mathfrak{A}$ nach $\mathfrak{B}$, wenn wir zwei Elemente von $\mathfrak{A}$ dann und nur dann zur gleichen Klasse nach $\mathfrak{B}$ rechnen, wenn sie den gleichen Isomorphismus von B induzieren; die sich ergebende Zerlegungsmischgruppe ist also die Isomorphismenmischgruppe von B über K; G stellt aber eine Gruppe [rücksichtlich dieser Zerlegung von $\mathfrak{A}$ nach $\mathfrak{B}$] kongruenter Abbildungen von $\mathfrak{A}$ dar, wie aus Satz 1 des § 1 von Mz und Definition 1 des § 1 von Mz folgt. —

Wir führen jetzt einige Bezeichnungen ein:
Sei $\mathfrak{X}$ eine Untermischgruppe von $\mathfrak{A}$, zu der gemäß Satz 1 ein Körper Ξ zwischen K und A gehört. Die Klassen $\mathfrak{x}_\nu$ von $\mathfrak{A}$ nach $\mathfrak{X}$ – speziell $\mathfrak{x}_0 = \mathfrak{X}$ – sind die Isomorphismen von Ξ; sei $A(\mathfrak{x}_\nu)$ der Körper, in den Ξ durch $\mathfrak{x}_\nu$ übergeht; schließlich sei $\Delta \vee E$ für irgendzwei Körper Δ und E zwischen K und Γ der Vereinigungskörper von Δ und E, d. h. der kleinste Δ und E umfassende Körper.

Satz 3: *Inzidiert die Klasse $\mathfrak{b}_\nu$ von $\mathfrak{A}$ nach $\mathfrak{B}$ mit der Klasse $\mathfrak{k}_\mu$ von $\mathfrak{A}$ nach $\mathfrak{K}(\mathfrak{A})$, d. h. ist ihr Durchschnitt $\mathfrak{b}_\nu \frown \mathfrak{k}_\mu$ nicht leer, so ist:*

$$A(\mathfrak{b}_\nu \frown \mathfrak{k}_\mu) = A(\mathfrak{b}_\nu) \vee A(\mathfrak{k}_\mu).$$[1]

Wir beweisen zunächst:

$$(1) \qquad A(\mathfrak{B} \frown \mathfrak{K}(\mathfrak{A})) = A(\mathfrak{B}) \vee A(\mathfrak{K}(\mathfrak{A})).$$

Da $A(\mathfrak{B})$ gegenüber $\mathfrak{B}$, $A(\mathfrak{K}(\mathfrak{A}))$ gegenüber $\mathfrak{K}(\mathfrak{A})$ invariant ist, so ist $A(\mathfrak{B}) \vee A(\mathfrak{K}(\mathfrak{A})) = A(\mathfrak{D})$, wo $\mathfrak{D}$ die gemäß (ZK) zu $A(\mathfrak{D})$ zugehörige Untermischgruppe von $\mathfrak{A}$ ist, gegenüber $\mathfrak{B} \frown \mathfrak{K}(\mathfrak{A})$ invariant; d. h. wegen (ZK) ist $\mathfrak{D} \geqq \mathfrak{B} \frown \mathfrak{K}(\mathfrak{A})$ oder

$$(1\text{a}) \qquad A(\mathfrak{D}) \leqq A(\mathfrak{B} \frown \mathfrak{K}(\mathfrak{A})).$$

Andererseits bleibt bei $\mathfrak{D}$ sowohl $A(\mathfrak{B})$ als auch $A(\mathfrak{K}(\mathfrak{A}))$ elementweise invariant, da $A(\mathfrak{B}) \leqq A(\mathfrak{D})$ und $A(\mathfrak{K}(\mathfrak{A})) \leqq A(\mathfrak{D})$ ist; wegen (ZK) muß also $\mathfrak{D} \leqq \mathfrak{B}$ und $\mathfrak{D} \leqq \mathfrak{K}(\mathfrak{A})$, d. h. $\mathfrak{D} \leqq \mathfrak{B} \frown \mathfrak{K}(\mathfrak{A})$ oder

$$(1\text{b}) \qquad \mathrm{A}(\mathfrak{D}) \geqq \mathrm{A}(\mathfrak{B} \frown \mathfrak{K}(\mathfrak{A}))$$

sein. Aus (1a) und (1b) folgt aber (1).

Da $\mathfrak{b}_\nu \frown \mathfrak{k}_\mu$ nicht leer ist, so gibt es wegen der Transitivität von G eine kongruente Abbildung $\mathfrak{a} \varepsilon \mathrm{G}$, welche $\mathfrak{B} \frown \mathfrak{K}(\mathfrak{A})$ in $\mathfrak{b}_\nu \frown \mathfrak{k}_\mu$ überführt also $\mathfrak{B}$ in $\mathfrak{b}_\nu$ und $\mathfrak{K}(\mathfrak{A})$ in $\mathfrak{k}_\mu$.

---

[1]) Es gilt die allgemeine Tatsache: dem Durchschnitt von Gruppen entspricht der Vereinigungskörper der zugehörigen Körper, da ja der Durchschnitt von Abgeschlossenem wieder abgeschlossen ist, der Vereinigungsgruppe, wenn sie abgeschlossen ist, der Durchschnittskörper.

a, als Automorphismus von Γ aufgefaßt, bewirkt also, daß $A(\mathfrak{B} \frown \mathfrak{K}(\mathfrak{A}))$ in $A(\mathfrak{b}_\nu \frown \mathfrak{k}_\mu)$, $A(\mathfrak{B})$ in $A(\mathfrak{b}_\nu)$ und $A(\mathfrak{K}(\mathfrak{A}))$ in $A(\mathfrak{k}_\mu)$ übergeht, woraus zusammen mit (1) unser Satz folgt.

Zusatz: *Es ist* $\begin{Bmatrix} A(\mathfrak{b}_\nu) \\ A(\mathfrak{k}_\mu) \end{Bmatrix}$ *der Durchschnitt aller* $A(\mathfrak{b}_\nu \frown \mathfrak{k}_\mu)$ *für alle die* $\begin{Bmatrix} \mu \\ \nu \end{Bmatrix}$, *für die* $\mathfrak{b}_\nu \frown \mathfrak{k}_\mu$ *nicht leer ist.*

Wir beweisen dies zunächst für $A(\mathfrak{B})$: sei $A(\mathfrak{D})$ der Durchschnitt aller in Frage kommenden $A(\mathfrak{B} \frown \mathfrak{k}_\mu)$; hierbei ist wieder $\mathfrak{D}$ die gemäß (ZK) zu $A(\mathfrak{D})$ zugehörige Untermischgruppe von $\mathfrak{A}$. Dann ist

(2a) $$A(\mathfrak{B}) \leqq A(\mathfrak{D}) \text{ oder } \mathfrak{D} \leqq \mathfrak{B}.$$

Denn nach Satz 3 ist stets $A(\mathfrak{B}) \leqq A(\mathfrak{B} \frown \mathfrak{k}_\mu) = A(\mathfrak{B}) \vee A(\mathfrak{k}_\nu)$.

Andererseits ist nach seiner Definition $A(\mathfrak{D})$ auch bei allen $\mathfrak{B} \frown \mathfrak{k}_\mu \neq 0$ invariant, also auch gegenüber ihrer Vereinigungsmenge, die gerade $\mathfrak{B}$ ist. Also ist $\mathfrak{B} \leqq \mathfrak{D}$ oder

(2b) $$A(\mathfrak{B}) \geqq A(\mathfrak{D}).$$

Aus (2a) und (2b) folgt: $A(\mathfrak{B}) = A(\mathfrak{D})$. Ebenso zeigt man unseren Zusatz für $A(\mathfrak{K}(\mathfrak{A}))$. Aus den Spezialfällen folgt aber der allgemeine Zusatz ebenso wie der Satz 3 aus (1). —

Sei jetzt A_μ der zu $A = A_0$ konjugierte Körper, der gemäß IIb des § 1 zur Klasse $\mathfrak{k}_\mu$ von $\mathfrak{A}$ nach $\mathfrak{K}(\mathfrak{A}) = \mathfrak{k}_0$ gehört.

Satz 4: *Dann und nur dann kann man gleichzeitig A in A_μ überführen und in B den Isomorphismus $\mathfrak{b}_\nu$ induzieren, wenn $\mathfrak{k}_\mu$ und $\mathfrak{b}_\nu$ inzidieren, d. h. $\mathfrak{k}_\mu \frown \mathfrak{b}_\nu$ nicht leer ist.*

Denn dann und nur dann gibt es einen Isomorphismus von A, der A in A_μ überführt und den Isomorphismus $\mathfrak{b}_\nu$ von B induziert, wenn $\mathfrak{k}_\mu \frown \mathfrak{b}_\nu$ nicht leer ist, wie die Betrachtung von G zeigt. Speziell folgt daraus der

Zusatz 1: *Dann und nur dann ist der Isomorphismus $\mathfrak{b}_\nu$ von B zu einem Automorphismus von A, kurz in A erweiterungsfähig, wenn $\mathfrak{b}_\nu$ und $\mathfrak{K}(\mathfrak{A})$ inzidieren.*

Zusatz 2: *Ist speziell A_μ zu A auch hinsichtlich B konjugiert, so ist der Isomorphismus $\mathfrak{b}_\nu$ von B dann und nur dann sowohl in A als auch in A_μ erweiterungsfähig, wenn $\mathfrak{b}_\nu$ sowohl mit $\mathfrak{K}(\mathfrak{A})$ als auch mit $\mathfrak{k}_\mu$ inzidiert.*

Unter unseren Voraussetzungen inzidiert $\mathfrak{k}_\mu$ mit $\mathfrak{B}$; es gibt also einen Automorphismus $\mathrm{a}_\mu \varepsilon \mathrm{G}$, der B elementweise invariant läßt und A in A_μ überführt. Sei b_ν derart, daß A in sich übergeht und in B

der Isomorphismus $\mathfrak{b}_\nu$ induziert wird. Dann liefert $\mathfrak{a}_\mu^{-1}\mathfrak{b}_\nu\mathfrak{a}_\mu$ einen Automorphismus von A_μ, der $\mathfrak{b}_\nu$ induziert und

$$\mathfrak{b}_\nu\,\mathfrak{a}_\mu = \mathfrak{a}_\mu(\mathfrak{a}_\mu^{-1}\mathfrak{b}_\nu\mathfrak{a}_\mu)$$

führt A in A_μ über und induziert in B den Isomorphismus $\mathfrak{b}_\nu$. Jetzt folgt der Zusatz 2 aus Satz 4.

Definition 1: *Ein Körper B zwischen K und A heißt 1. Art unter A, wenn er bei allen Automorphismen von A elementweise invariant bleibt.*

Satz 5: *Dann und nur dann ist B 1. Art unter A, wenn die zugehörige Mischgruppe $\mathfrak{B}$ 1. Art in $\mathfrak{A}$ ist.*

Denn dann und nur dann bleibt B bei allen Automorphismen von A invariant, wenn $\mathfrak{B} \frown \mathfrak{K}(\mathfrak{A}) = \mathfrak{K}(\mathfrak{A})$ ist.

Definition 2: *Ein Körper B zwischen K und A heißt einfach unter A, wenn es keinen Körper zwischen K und B gibt, der 1. Art unter A ist.*

Satz 6: *Dann und nur dann ist B einfach unter A, wenn die in* G *realisierte Zerlegung von $\mathfrak{A}$ nach $\mathfrak{B}$ einfach ist.*

Eine Zerlegung von $\mathfrak{A}$ nach $\mathfrak{B}$ ist dann und nur dann einfach, wenn es keine Untermischgruppe 1. Art von $\mathfrak{A}$ gibt, die $\mathfrak{B}$ umfaßt, und die bei kongruenten Abbildungen entweder in sich oder in ein fremdes System übergeht. Also folgt aus Satz 1 und Satz 5 unser Satz.

Satz 7: *Zu jedem Körper B zwischen K und A gibt es einen und nur einen Körper K_0 zwischen K und B, so daß*

1. *K_0 1. Art unter A ist und*
2. *als Körper über K_0 betrachtet, B unter A einfach ist.*

Dies folgt aus Satz 1, Satz 5 und 6, sowie aus Satz 1 des § 3 von Mz. — K_0 ist der größte Körper 1. Art unter A, welcher zwischen K und B liegt.

Definition 3: *Ein unter A [einfacher] Körper B heißt 2. Art unter A, wenn jeder Isomorphismus von B in A erweiterungsfähig ist.*

Satz 8: *Dann und nur dann ist B 2. Art unter A, wenn $\mathfrak{B}$ 2. Art unter $\mathfrak{A}$ ist.*

Folgt aus Zusatz 1 des Satz 4 und Definition 3 des § 3 von Mz.

Definition 4: *Ein unter A einfacher Körper B heißt 3. Art unter A, wenn ein Isomorphismus von B, der in allen zu A rücksichtlich B konjugierten Körpern erweiterungsfähig ist, notwendig der identische Isomorphismus ist.*

Satz 9: *Dann und nur dann ist B 3. Art unter A, wenn die von* G *realisierte Zerlegung von* $\mathfrak{A}$ *nach* $\mathfrak{B}$ *3. Art ist.*

Dies folgt aus Zusatz 2 zu Satz 4 und Definition 4 des § 3 von Mz.

Satz 10: *Ist B einfach unter A, so ist entweder B 2. Art unter A oder 3. Art unter A oder es gibt einen und nur einen Körper* K_0 *zwischen K und B, so daß*

1. K_0 *3. Art unter A ist und*
2. *als Körper über* K_0 *betrachtet, B 2. Art unter A ist.*

Dies folgt aus Satz 3 des § 3 von Mz, Satz 1, Satz 8 und 9.

Die Sätze 7 und 10 zeigen, daß wir uns auf das Studium der Körper i-ter Art (i = 1, 2, 3) unter A beschränken können.

I. Die Körper 1. Art unter A.

Satz 11: *Ist B 1. Art unter A und A(B) der Vereinigungskörper aller zu A über B konjugierten Körper, so enthält der Durchschnitt von zwei zu A(B) über K konjugierten Körpern keinen zu A über K konjugierten Körper.*

Dann und nur dann induzieren zwei Automorphismen von Γ aus G den gleichen Isomorphismus von B, wenn sie $A(B)$ in den gleichen Körper $A_\mu(B)$ überführen. Ist jetzt $\mathfrak{b}_\mu$ eine Klasse von $\mathfrak{A}$ nach $\mathfrak{B}$ und $\mathfrak{k}_\nu$ eine von $\mathfrak{A}$ nach $\mathfrak{K}(\mathfrak{A})$, so ist entweder $\mathfrak{b}_\mu \cap \mathfrak{k}_\nu = \mathfrak{k}_\nu$ oder leer. Geht $A(B)$ bei Induktion des Isomorphismus $\mathfrak{b}_\mu$ von B in $A_\mu(B)$ über, so enthält $A_\mu(B)$ alle und nur die zu A konjugierten Körper A_ν, die zu solchen $\mathfrak{k}_\nu$ gemäß IIb des § 1 gehören, welche mit $\mathfrak{b}_\mu$ inzidieren. Daraus folgt aber der Satz 11.

Gleichzeitig folgt aus Satz 1 des § 4 von Mz und Satz 5 der

Zusatz: *Die in zu A (B) konjugierten Körpern* $A_\mu(B)$ *enthaltenen Systeme von zu A konjugierten Körpern sind untereinander gleichmächtig und fremd.*

II. Die Körper 2. Art unter A.

Satz 12: *Der Körper B zwischen K und A ist dann und nur dann 2. Art unter A, wenn jeder über K zu A konjugierte Körper auch über B zu A konjugiert ist.*

Dies folgt aus Satz 2 des § 3 von Mz, Satz 7 und Satz 4. —

An die Stelle von B kann auch jeder zu B konjugierte Körper treten.

Unter $\Gamma(B)$ sei im folgenden der Vereinigungskörper der zu B konjugierten Körper verstanden; $\Gamma(B)$ ist der kleinste B umfassende Normalkörper über K. Ist B 2. Art unter A, so ist $\Gamma(B)$ in A enthalten. Nach IIa von § 1 und (ZK) aus § 1 gehört zu $\Gamma(B)$ ein Normalteiler J von G, der alle und nur die kongruenten Abbildungen von 𝔄 aus G enthält, bei denen jede Klasse nach 𝔅 in sich übergeht (wegen Hilfssatz 4 beim Beweise A des Satzes 6 des § 5 von Mz).

Definition 5: *Zwei zu A über B konjugierte Körper heißen ähnlich, wenn sie auch über $\Gamma(B)$ konjugiert sind.*

Aus den Sätzen des § 5 von Mz folgt jetzt der

Satz 13: *1. Zwei zu A konjugierte Körper sind dann und nur dann ähnlich, wenn die nach IIb von § 1 zugehörigen Klassen von 𝔄 nach 𝔎(𝔄) rücksichtlich der in G realisierten Zerlegung von 𝔄 nach 𝔅 ähnlich sind.*

2. Die Klassen ähnlicher Körper sind gleichmächtig.

3. Bei Automorphismen aus G gehen ähnliche Körper wieder in ähnliche über.

4. Die charakteristische Gruppe C *der von* G *realisierten Zerlegung von 𝔄 nach 𝔅 ist die Automorphismengruppe von $\Gamma(B)$ über B; ihre Untergruppe A enthält alle und nur die Automorphismen, bei denen A in ähnliche Körper übergeht.*

Weiter gilt der

Satz 14: *Enthält eine Klasse zu A ähnlicher Körper höchstens zwei Elemente, so ist A auch nichtidentischer Automorphismen über $\Gamma(B)$ fähig.*

Folgt aus Satz 13 und Satz $9,_4$ des § 5 von Mz.

§ 3. Die freien Körper.

Definition 1: *Der Körper A heißt* f r e i, *wenn die Gruppe* G *aller Automorphismen von Γ, dem Vereinigungskörper der zu A über K konjugierten Körper, die Gruppe aller ähnlichen Abbildungen der Isomorphismenmischgruppe 𝔄 von A ist.*

Ist speziell $A = \Gamma$, d. h. A normal über K, so ist A frei. Denn dann ist 𝔄 = G und die Gruppe aller ähnlichen Abbildungen von G auf sich nach dem CAYLEYschen Satze G selbst.

Im folgenden wollen wir deshalb annehmen, daß A n i c h t n o r m a l über K ist. Seien A_ν $(A_0 = A)$ die zu A über K konjugierten Körper.

Satz 1: *A ist dann und nur dann frei, wenn sich*

1. eine beliebige eineindeutige Abbildung des Systems der A_ν auf sich durch Elemente aus G *bewirken läßt,*

2. es sich durch ein geeignetes Element aus G *bewirken läßt, daß gleichzeitig alle A_ν willkürlich vorgegebene Automorphismen erleiden.*[1])

Dies folgt aus Zusatz 3 zu Satz 1 des § 2 von Mg und aus II, III des § 1, wenn man bedenkt, daß der Übergang von einem Element einer Klasse von $\mathfrak{A}$ nach $\mathfrak{K}(\mathfrak{A})$ zu einem anderen Element derselben Klasse einen Automorphismus des zu der Klasse zugehörigen zu A konjugierten Körpers darstellt.

Speziell folgt hieraus der

Zusatz: *1. Wenn A frei ist, so läßt sich jeder Automorphismus von A auch unter elementweiser Invarianthaltung aller übrigen zu A konjugierten Körper bewirken.*

2. Wenn A frei ist, so läßt es sich bewirken, daß A_μ in A_ν und A_ν in A_μ unter elementweiser Invarianthaltung aller übrigen zu A konjugierten Körper übergeht; speziell $A_\mu = A_0$.

3. Wenn die Zahl der zu A konjugierten Körper endlich ist, so läßt sich die Bedingung 2 des Satzes durch die Bedingungen 1., 2. des Zusatzes ersetzen.

Die Bedingung 1. ist ein Spezialfall von Bedingung 2 des Satzes 1. 2. folgt aus Bedingung 1. des Satz 1 durch geeignete Anwendung der Bedingung 2.

ad 3. Sei $\bar{\mathfrak{a}}_\nu$ ein Automorphismus von A_ν.

Wegen 2. gibt es ein Element $\mathfrak{b}_\nu \varepsilon \mathrm{G}$, das A_0 in A_ν, A_ν in A_0 überführt und alles andere invariant läßt. Wegen 1 gibt es ein Element $\mathfrak{a}_\nu \varepsilon \mathrm{G}$, das alle von A verschiedenen A_ν invariant läßt und in A einen solchen Automorphismus induziert, daß $\mathfrak{b}_\nu \mathfrak{a}_\nu \mathfrak{b}_\nu^{-1}$ in A_ν gerade $\bar{\mathfrak{a}}_\nu$ induziert und alle von A_ν verschiedenen zu A konjugierten Körper invariant läßt. $\prod_\nu \mathfrak{b}_\nu \mathfrak{a}_\nu \mathfrak{b}_\nu^{-1}$ ist dann ein Automorphismus, der das in Bedingung 2. des Satz 1 verlangte gerade leistet.

Satz 2: *Wenn A frei ist und $\|\mathfrak{A}/\mathfrak{K}(\mathfrak{A})\|$ mehr als zwei Elemente enthält*[2]), *so ist für alle $A_\nu \neq A_\mu$ auch*

$$A_\nu \frown A_\mu = K.$$

(1) $A_\nu \frown A_\mu = \Delta$, dem Durchschnitt aller A_ν.

Wegen Zusatz 2. des Satz 1 brauchen wir (1) nur für $A \frown A_\nu$ zu beweisen. Gibt es aber einen von A und A_ν verschiedenen zu A konjugierten Körper A_μ, so folgt aus Zusatz 2. des Satz 1, daß wir A_ν

---

[1]) d. h. bewirkt $\mathfrak{g}_\nu \varepsilon \mathrm{G}$ in A_ν den Automorphismus $\mathfrak{a}_\nu$, so soll es ein $\mathfrak{g} \varepsilon \mathrm{G}$ geben, das gleichzeitig in allen A_ν die Kombination $\{\mathfrak{a}_\nu\}$ bewirkt, während ja A_μ ($\mu \neq \nu$) bei $\mathfrak{g}_\nu$ nicht $\mathfrak{a}_\nu$ zu erleiden braucht.

[2]) d. h. weder ist $\mathfrak{A}$ eine Gruppe, noch ist $\|\mathfrak{A}/\mathfrak{K}(\mathfrak{A})\|$ die singuläre Mischgruppe.

in A_μ und A_μ in A_ν unter elementweiser Invarianthaltung von A überführen können; hierbei müssen also $A \frown A_\nu$ und $A \frown A_\mu$ elementweise nvariant bleiben und also beide in A_ν und in A_μ enthalten sein, d. h. $A \frown A_\nu \leqq A \frown A_\mu$ und $A \frown A_\mu \leqq A \frown A_\nu$, also $A \frown A_\nu = A \frown A_\mu$.

Hieraus und aus Bedingung 1. des Satz 1 folgt (1).

(2) Zu jedem $\mathrm{a} \varepsilon \mathrm{G}$ gibt es Elemente $\mathrm{a}_i \varepsilon \mathrm{G}$ $(i = 1, 2)$, so daß jedes a_i wenigstens einen zu A konjugierten Körper elementweise invariant läßt und $\mathrm{a} = \mathrm{a}_1 \cdot \mathrm{a}_2$ ist.

Sei a_1 ein Automorphismus, der für A denselben Isomorphismus wie a induziert, aber den Körper A_ν, in den A bei a übergeht, in A überführt, und die übrigen Körper elementweise invariant läßt. Solch ein a_1 gibt es wegen Satz 1 in G.

Da es n. V. und IIb des § 1 mindestens zwei von A verschiedene, zu A konjugierte Körper gibt, so genügt auch $\mathrm{a}_2 = \mathrm{a}_1^{-1}\mathrm{a}$ den Bedingungen von (2).

Aus (2) folgt aber, daß $\varDelta$ bei allen Automorphismen aus G elementweise invariant bleiben muß, da dies für a_1 und a_2 gilt. Dann folgt aber aus Ib des § 1, daß $\varDelta = K$ der zu G zugehörige Körper zwischen K und Γ ist.

Satz 3: *Ist* $\|\mathfrak{A}/\mathfrak{K}(\mathfrak{A})\|$ *zweielementig* [1]) *und* A *frei, so ist der zu* $\mathfrak{K}(\mathfrak{A})$ *zugehörige Körper* [2]):

$$A(\mathfrak{K}(\mathfrak{A})) = A \frown A_1;$$

er ist quadratisch über K *und also normal über* K.

A ist normal über $A(\mathfrak{K}(\mathfrak{A}))$.

Da $\|\mathfrak{A}/\mathfrak{K}(\mathfrak{A})\|$ zweielementig ist, ist $A(\mathfrak{K}(\mathfrak{A}))$ nur zweier Isomorphismen fähig. Nach dem DEDEKINDschen Satze von der Gleichheit von Abbildungsgrad und Basisgrad [3]) folgt also, daß $A(\mathfrak{K}(\mathfrak{A}))$ quadratisch über K ist. Daß A normal über $A(\mathfrak{K}(\mathfrak{A}))$ ist, folgt aus Satz 2 des § 2.

Wegen Zusatz 1 und 2 des Satz 1 läßt sich jeder Automorphismus von A unter elementweiser Invarianthaltung von A_1 ausführen; also bleibt $A \frown A_1$ bei allen Automorphismen von A invariant; es ist

$$A \frown A_1 \leqq A(\mathfrak{K}(\mathfrak{A})).$$

Aus Satz 2 des § 2 folgt auch, daß $A(\mathfrak{K}(\mathfrak{A})) \leqq A$ ist. Da schließlich $A(\mathfrak{K}(\mathfrak{A}))$ normal über K ist, geht er stets, also auch, wenn A in A_1 übergeht, in sich über; also ist $A(\mathfrak{K}(\mathfrak{A})) \leqq A_1$; hieraus folgt

$$A(\mathfrak{K}(\mathfrak{A})) \leqq A \frown A_1,$$

nach obigem also die Gleichheit.

---

[1]) d. h. die singuläre Mischgruppe.

[2]) Seine Existenz folgt schon aus dem Zusatz zu Satz 2 des § 2.

[3]) cf. R. Dedekind in Dirichlet: Vorlesungen über Zahlentheorie. 4. Aufl. (1894), Supplement XI.

Definition 2: *Ein freier Körper heißt affektlos, wenn nur der identische Isomorphismus ein Automorphismus ist.*[1])

Affektlose Körper gehen also bei verschiedenen Isomorphismen in verschiedene Körper über.

Satz 4: *Ist A ein freier Körper und enthält $\|\mathfrak{A}/\mathfrak{K}(\mathfrak{A})\|$ mehr als zwei Elemente, so ist*

1. der zu $\mathfrak{K}(\mathfrak{A})$ zugehörige Unterkörper $A(\mathfrak{K}(\mathfrak{A}))$ von A affektlos.[2])

2. ist die Menge der zu A konjugierten Körper gleichmächtig der Menge der zu $A(\mathfrak{K}(\mathfrak{A}))$ konjugierten Körper (der zu $\mathfrak{k}_\nu$ gemäß IIb zugehörige Körper A_ν enthält $A(\mathfrak{k}_\nu)$).

3. ist A über $A(\mathfrak{K}(\mathfrak{A}))$ normal und $A(\mathfrak{K}(\mathfrak{A}))$ 1. Art unter A.

1. folgt aus Bedingung 1 des Satz 1, Satz 4 des § 1 von Mz und Satz 2 des § 1 von Mg. 2. folgt aus Satz 2 und 3. aus Satz 2 des § 2 und Satz 5 des § 2.

Satz 5: *Ist A affektlos, so ist*

1. A über K endlich.

2. Jedes Element aus A, aber nicht aus K, genügt einer Gleichung ohne Affekt und erzeugt den Körper A.[3])

3. A ist primitiv über K, d. h. ein Körper zwischen K und A ist entweder $= K$ oder $= A$.

Sei nämlich B ein Körper zwischen K und A und von A verschieden; wegen Ia des § 1 gibt es dann einen nicht-identischen Isomorphismus von A, bei dem B elementweise invariant bleibt; da A affektlos ist, geht A hierbei in einen von A verschiedenen Körper A_ν über und es ist $B \leqq A \frown A_\nu$. Nach Satz 2, der anwendbar ist, da hier $\mathfrak{K}(\mathfrak{A})$ aus der Identität allein besteht und Körper der Ordnung 2 Normalkörper sind, ist aber $A \frown A_\nu = K$, also $K = B$, womit 3. bewiesen ist.

Aus 3. folgt aber 2. und aus 2. folgt 1.

Satz 6: *Ein freier Körper A hat nur endlich viel konjugierte. Ihre Anzahl n ist gleich dem Grad von $A(\mathfrak{K}(\mathfrak{A}))$ über K. Eine irreduzible Gleichung in K hat nur dann Lösungen in A, wenn ihr Grad ein Vielfaches von n ist.*

---

[1]) Daß unsere Definition mit der üblichen aequivalent ist, folgt aus Satz 5, wenn man noch bedenkt, daß jede Gleichung ohne Affekt einen wegen Satz 1 auch in unserem Sinne affektlosen Körper erzeugt.

[2]) Die Existenz von $A(\mathfrak{K}(\mathfrak{A}))$ läßt sich auch ohne Benutzung von Zusatz 2 des Satz 2 des § 2 erweisen; cf. den Beweis des Satz 7.

[3]) Nach Anm. 1 ist diese Bedingung notwendig und hinreichend dafür, daß ein Körper affektlos ist.

Daß die Anzahl n gleich dem Grad von $A(\mathfrak{K}(\mathfrak{A}))$ ist, folgt aus den Sätzen 3, 4 und 5.

Sei jetzt $f(x) = 0$ eine irreduzible Gleichung in K, die in A die Wurzeln: $\alpha_i^{(0)}$ $(i = 1, \cdots, m)$ hat. Ist $\| \mathfrak{A} / \mathfrak{K}(\mathfrak{A}) \|$ nicht zweielementig, so gehen die $\alpha_i^{(0)}$ bei Isomorphismen, die A in A_ν überführen, wegen Satz 2 in ein fremdes System $\alpha_i^{(\nu)}$ $(\nu = 1, \cdots, n-1)$ über; wegen I des § 1 ist der Grad von $f(x)$ gleich $n \cdot m$.

Ist $\| \mathfrak{A} / \mathfrak{K}(\mathfrak{A}) \|$ zweielementig, so können wir wegen Satz 3 den gleichen Schluß anwenden, wenn die $\alpha_i^{(0)}$ nicht in $A \frown A_1$ gelegen sind; in $A \frown A_1$ gelegene Elemente genügen wegen Satz 3 aber Gleichungen vom Grade 2.

Satz 7: *Dann und nur dann ist A frei, wenn*

1. die Bedingungen der Sätze 2—6 erfüllt sind,

2. jedes irreduzible Polynom $f(x)$ *aus K, das in A Nullstellen besitzt, in* $A(\mathfrak{K}(\mathfrak{A}))$ *in zwei irreduzible Faktoren:*

$$f(x) = g(x)\, h(x)$$

zerfällt[1]*, so daß* $g(x)$ *in A in Linearfaktoren zerfällt,* $h(x)$ *in A irreduzibel bleibt.*

A. Sei A frei. Sind wieder $\alpha_i^{(0)}$ die Nullstellen von $f(x)$ aus A, so sei $g(x) = \prod_{i=1}^{m} (x - \alpha_i^{(0)})$ und $f(x) = g(x) \cdot h(x)$. Bei Automorphismen von A geht $g(x)$ in sich über, also auch $h(x)$, da $f(x)$ es tut; es müssen also $g(x)$ und $h(x)$ bereits zu $A(\mathfrak{K}(\mathfrak{A}))$ gehören.[2]

Wegen I des § 1 und Satz 1 muß es möglich sein, jede Nullstelle von $g(x)$ bzw. $h(x)$ in jede andere Nullstelle von $g(x)$ bzw. $h(x)$ unter Festhaltung von $A(\mathfrak{K}(\mathfrak{A}))$ bzw. A überzuführen; also folgt wieder aus I des § 1, daß $g(x)$ in $A(\mathfrak{K}(\mathfrak{A}))$ und $h(x)$ in A irreduzibel ist.

B. Seien die Bedingungen 1. und 2. unseres Satzes erfüllt. Aus Satz 2—4 folgt, daß die Bedingung 1. des Satzes 1 erfüllt ist. Aus I des § 1 und den Bedingungen des Satz 7 folgt ev. durch transfinite Induktion, daß sich jeder Automorphismus von A unter elementweisem Invarianthalten der übrigen Körper A_ν ausführen läßt. Daraus ergibt sich aber die Gültigkeit des Zusatz 1 zu Satz 1 für alle A_ν, indem man durch einen Isomorphismus A in A_ν überführt; damit ist aber wegen Satz 6 und Zusatz 3 des Satz 1 auch die Bedingung 2. des Satz 1 erfüllt.

Zusatz 1: *Ein Unterkörper B eines freien Körpers A, der K umfaßt, ist dann und nur dann frei, wenn er über* $A(\mathfrak{K}(\mathfrak{A}))$ *normal ist.*

---

[1]) $g(x)$ kann selbst Linearfaktor sein.

[2]) Hieraus ließe sich die Existenz von $A(\mathfrak{K}(\mathfrak{A}))$ erschließen.

A. Aus Satz 5 des § 1 von Mz (oder dem Zusatz dazu) und Satz 1,2 des § 2 folgt, daß $\mathfrak{B}$ eine Untergruppe von $\mathfrak{K}(\mathfrak{A})$ und A über B normal ist. Aus $\mathfrak{B} \leq \mathfrak{K}(\mathfrak{A})$ folgt aber wegen Ib des § 1, daß $B \geq A\ (\mathfrak{K}(\mathfrak{A}))$ ist.

Wir setzen $B \neq A\ (\mathfrak{K}(\mathfrak{A}))$ voraus.

Sei jetzt B_1 zu B über $A\ (\mathfrak{K}(\mathfrak{A}))$ konjugiert; notwendig ist auch $B_1 \leq A_0$ Bei einem Isomorphismus von A in $A_\nu \neq A$ geht B in $B^{(\nu)} \neq (B, B_1)$ und B_1 in $B_1^{(\nu)} \neq (B_1, B)$ wegen Satz 2 und Satz 3 über, wo $B^{(\nu)}$ und $B_1^{(\nu)}$ in A_ν, aber nicht in A enthalten sind. Es ist dann sicher unmöglich, gleichzeitig B in sich und B_1 in $B_1^{(\nu)}$ überzuführen $(B \neq B_1)$, was aber Bedingung 1. des Satz 1 widerspricht; es muß also $B = B_1$ sein, soll B frei sein.

B. Ist B ein Körper zwischen $A\,(\mathfrak{K}(\mathfrak{A}))$ und A, der über $A\ (\mathfrak{K}(\mathfrak{A}))$ normal ist, so erfüllt er die Bedingungen des Satzes 7 gleichzeitig mit A, ist also auch frei; denn in jedem zu A konjugierten Körper ist dann ein und nur ein zu B konjugierter Körper enthalten.

Zusatz 2: *Ein K umfassender Unterkörper des freien Körpers A umfaßt $A\,(\mathfrak{K}(\mathfrak{A}))$; zu einer Untermischgruppe $\mathfrak{B}$ von $\mathfrak{A}$ gehört dann und nur dann ein Unterkörper von A, wenn $\mathfrak{B}$ eine abgeschlossene Untergruppe von $\mathfrak{K}(\mathfrak{A})$ ist.*

Folgt wieder aus Satz 5 des § 1 von Mz und dem Zusatz dazu, sowie aus Satz 1 des § 2, sowie dem Zusatz zu Satz 2 des § 2.

§ 4. Die unter dem Körper A freien Körper.

Wir verstehen im folgenden unter $\Gamma(E < \Delta)$ den Vereinigungskörper aller zu Δ über E konjugierten Körper, d. h. den kleinsten Δ umfassenden Normalkörper über E. Z. B. ist in der bisherigen Bezeichnung $\Gamma(K < A) = \Gamma$.

Definition 1: *Der Körper B zwischen K und A heißt unter A frei, wenn die Gruppe* G *[aller Automorphismen von $\Gamma(K < A)$, bei denen K elementweise invariant bleibt] die Gruppe aller kongruenten Abbildungen der Mischgruppe $\mathfrak{A}$ [Ismorphismenmischgruppe von A über K] relativ auf die in* G *realisierte Zerlegung von $\mathfrak{A}$ nach $\mathfrak{B}$ [die größte Untermischgruppe von $\mathfrak{A}$, bei der B elementweise invariant bleibt,] ist.*

Ist speziell $A = \Gamma(K < B)$, so ist B frei im Sinne des § 3, ebenso wenn $A = B$ ist.

Wegen der Sätze 7 und 10 des § 2 brauchen wir wieder nur die Körper i-ter Art (i = 1, 2, 3) unter A zu studieren.

I. Die Körper 1. Art unter A.

Satz 1: *Ist B 1. Art und frei unter A, so ist*

1. *entweder B von der Ordnung 2 und also normal über K [wenn nämlich $\|\mathfrak{A}/\mathfrak{B}\| = \|\mathrm{G}/\mathrm{B}\|$ zweielementig ist],*
2. *oder B ist affektlos über K.*

Da $\|\mathrm{G}/\mathrm{B}\|$ die Isomorphismenmischgruppe von B ist, so folgt 1. aus dem Satze von der Gleichheit von Basis- und Abbildungsgrad.

Aus Satz 2, 2 des § 7 von Mz und II des § 1, sowie dem Zusatz zu Satz 1 des § 2 folgt, daß nur der identische Isomorphismus von B ein Automorphismus von B ist, wenn $\|\mathfrak{A}/\mathfrak{B}\| = \|\mathrm{G}/\mathrm{B}\|$ mehr als zwei Elemente besitzt. Jetzt folgt aber aus der Bedingung 1. des Zusatzes zu Satz 1 des § 4 von Mz, daß B in diesem Fall affektlos ist.

Definition 2: *Zwei zu A über K konjugierte Körper heißen* z u s a m m e n g e h ö r i g, *wenn die ihnen gemäß IIb des § 1 zugeordneten Klassen von $\mathfrak{A}$ nach $\mathfrak{K}(\mathfrak{A})$ zur gleichen Klasse von $\mathfrak{A}$ nach $\mathfrak{B}$, d. h. von $\|\mathrm{G}/\mathrm{B}\|$ gehören.*

Satz 2: *Dann und nur dann ist B unter A frei [B ist 1. Art unter A], wenn sich durch Elemente aus G bewirken läßt:*

1. eine beliebige eineindeutige Abbildung des Systems der A_ν [der zu A über K konjugierten Körper], bei der zusammengehörige Körper wieder in zusammengehörige Körper übergehen,

2. daß gleichzeitig alle A_ν willkürlich vorgegebene Automorphismen erleiden.[1])

Da der Übergang von einem Element einer Klasse von $\mathfrak{A}$ nach $\mathfrak{K}(\mathfrak{A})$ zu einem anderen Element derselben Klasse einen Automorphismus des dieser Klasse gemäß IIb des § 1 zugeordneten zu A konjugierten Körpers darstellt, so folgt aus II des § 1 und dem Zusatz zu Satz 1 des § 2, daß die Bedingung 1. bezw. 2. dieses Satzes mit den Bedingungen 1., 2. bzw. 3. des Zusatzes zu Satz 1 des § 4 von Mz äquivalent ist.

Satz 3: *Ist B 1. Art und frei unter A, so sind zwei zu A über K konjugierte Körper dann und nur dann zusammengehörig, wenn es möglich ist, den einen in den anderen unter elementweisem Invarianthalten von $\Gamma(K < B)$ überzuführen.*

Ein Automorphismus aus G läßt dann und nur dann $\Gamma(K < B)$ elementweise invariant, wenn er als kongruente Abbildung von $\mathfrak{A}$ jede Klasse von $\mathfrak{A}$ nach $\mathfrak{B}$ in sich überführt. Hieraus und aus der Bedingung 1. des Satzes 2 folgt der Satz 3.

---

[1]) Im Sinne der Anm. 1, p. 13.

Zusatz 1: *Zwei zu A konjugierte Körper sind unter den Voraussetzungen des Satzes 3 dann und nur dann zusammengehörig, wenn es einen zu B konjugierten Körper gibt, über dem sie konjugiert sind.*

A. Die Automorphismen aus G, die A in zusammengehörige Körper A_i ($i = 1, 2$) überführen, induzieren den gleichen Isomorphismus von B in B_ν. Notwendig ist dann B_ν in A_i enthalten; wegen Satz 3 sind dann A_1 und A_2 über B_ν konjugiert.

B. Sind umgekehrt A_1 und A_2 über B_ν konjugiert, so induzieren wegen Satz 1 Isomorphismen von A, die A in den Körper A_i ($i = 1, 2$) überführen, den gleichen Isomorphismus von B in B_ν. Also sind A_1 und A_2 zusammengehörig. Speziell folgt der

Zusatz 2: *Dann und nur dann gehört ein Körper mit A zusammen, wenn er zu A über B konjugiert ist.*

Satz 4: *Ist B 1. Art unter A, so ist B dann und nur dann frei unter A, wenn*

1. A über B frei ist [unter $\Gamma(B < A)$],

2. $\Gamma(B<A)$ über K frei ist [unter $\Gamma[K<\Gamma(B<A)] = \Gamma(K<A) = \Gamma$].

A. Sei B 1. Art und frei unter A; dann umfaßt wegen des Zusatz 2 zu Satz 3 $\Gamma(B < A)$ alle mit A zusammengehörigen Körper. Um 1. zu beweisen, haben wir die Bedingungen des Satzes 1 des § 3 zu verifizieren. Diese folgen aber aus Satz 2, wenn man diesen nur auf die mit A zusammengehörigen Körper anwendet, also bei Bedingung 1. die Einschränkung macht, daß mit A zusammengehörige Körper nur in zusammengehörige Körper übergehen dürfen. Diese Einschränkung ist aber mit der Betrachtung von B als Grundkörper gleichbedeutend.

Weiter folgt aus dem Zusatz 1 des Satz 3, daß zwei zu A konjugierte Körper dann und nur dann zusammengehören, wenn sie in dem gleichen zu $\Gamma(B < A)$ konjugierten Körper enthalten sind. Automorphismen von $\Gamma(B < A)$ oder einem zu $\Gamma(B < A)$ konjugierten Körper stellen eine gewisse eineindeutige Abbildung eines Systems zusammengehöriger Körper dar, bei der noch jedem dieser Körper ein beliebiger Automorphismus vorgeschrieben werden kann. Jetzt folgt aber wieder aus Satz 1 des § 3 und Satz 2, daß $\Gamma(B < A)$ über K frei ist.

B. Seien die Bedingungen 1., 2. erfüllt und B 1. Art unter A. Zunächst folgt aus 1., daß die Bedingungen des Satzes 2 für die mit A zusammengehörigen Körper erfüllt sind. Da weiter jedem Isomorphismus von B genau ein zu $\Gamma(B < A)$ konjugierter Körper, d. h. also genau ein System zusammengehöriger Körper entspricht — und zwar eineindeutig so folgt, analog wie ad A., aus der Bedingung 2., daß die Bedingungen des Satzes 2 allgemein erfüllt sind.

Zusatz 1: *Ist B 1. Art und frei unter A, so gibt es nur endlich viele zu A konjugierte Körper; ihre Zahl ist* $\mathrm{n}\cdot\mathrm{m}$, *wenn* n *der Grad von B und* m *die Anzahl der zu A über B konjugierten Körper ist.*

Dies folgt aus Satz 1 und aus Satz 4 durch zweimalige Anwendung des Satzes 6 des § 3.

Zusatz 2: *Ist B 1. Art und frei unter A, so ist der Durchschnitt aller zu A über K konjugierten Körper*

1. B, wenn $\|\mathfrak{A}/\mathfrak{B}\| = \|\mathrm{G}/\mathrm{B}\|$ *zweielementig ist,*

2. K, wenn $\|\mathfrak{A}/\mathfrak{B}\| = \|\mathrm{G}/\mathrm{B}\|$ *mehr als zwei Elemente besitzt.*

Dies folgt aus den Sätzen 3 und 2 des § 3 und aus Satz 4, 2.

II. Die Körper 2. Art unter *A*.

Satz 5: *Ist B 2. Art unter A, so ist B dann und nur dann unter A frei, wenn sich durch Elemente aus* G *bewirken läßt:*

1. eine beliebige eineindeutige Abbildung des Systems der zu A über K konjugierten Körper, bei der alle Körper nur in ähnliche übergehen,

2. daß gleichzeitig alle A_ν *[die zu A über K konjugierten Körper] willkürlich vorgegebene Automorphismen über* $\Gamma(K< B)$ *erleiden.*[1])

Dies folgt aus den Zusätzen 2 und 3 zu Satz 8 des § 5 von Mz, aus Satz 13, 1 des § 2 und aus III des § 1.

Definition 3: *Ist H ein in Δ enthaltener, über K normaler Körper, so heißt H zwischen K und Δ hypernormal, wenn*

1. Δ und die zu Δ über K konjugierten Körper Δ_ν *über H normal sind,*

2. man durch Automorphismen von $\Gamma(K<\Delta)$ *bewirken kann, daß gleichzeitig jedes der* Δ_ν *einen willkürlich vorgegebenen Automorphismus über H erleidet.*[1])

Dann gilt der

Satz 5a: *Ist B 2. Art unter A, so ist B dann und nur dann unter A frei, wenn*

1. A über $\Gamma(K< B)$ *frei ist [unter* $\Gamma[\Gamma(K< B)<A]=\bar{A}$]

2. $\Gamma(K< B)$ *zwischen K und* $\bar{A}$ *hypernormal ist.*

A. Sei *B* 2. Art und frei unter *A*; wenden wir Satz 5 nur auf die zu *A* ähnlichen Körper an, d. s. nach Satz 13, 1 bzw. Definition 5 des § 2 alle und nur die, die zu *A* über $\Gamma(K< B)$ konjugiert sind, so folgt unsere Bedingung 1. aus dem Satz 1 des § 3.

Aus Satz 13, 1 des § 2 folgt weiter, daß ein jeder zu $\bar{A}$ über *K* konjugierter Körper $\bar{A}_\nu$ genau eine Klasse ähnlicher, zu *A* über *K* kon-

1) Im Sinne der Anm. 1, p. 13.

jugierter Körper enthält. Ein Automorphismus von $\Gamma(K<A)$, bei dem zu A über K konjugierte Körper nur in ähnliche Körper übergehen, induziert also auch nur Automorphismen der $\bar{A}_\nu$ [über $\Gamma(K<B)$]. Jetzt folgt aus Satz 5 und Definition 3, daß $\Gamma(K<B)$ zwischen K und $\bar{A}$ hypernormal ist.

B. Sind umgekehrt die Bedingungen des Satzes 5a erfüllt, so folgt aus 1., daß die Bedingungen des Satzes 5 für die zu A ähnlichen Körper erfüllt sind; aus 2. folgt aber die Allgemeingültigkeit durch analoge Betrachtungen wie im 2. Abschnitt von A.

Satz 6: *Dann und nur dann ist H zwischen K und Δ hypernormal, wenn*

1. für zwei verschiedene zu Δ über K konjugierte Körper Δ_ν, Δ_μ gilt: $\Delta_\nu \frown \Delta_\mu = H$,

2. ein in K irreduzibles Polynom $f(x)$, das in Δ, aber nicht in H Nullstellen hat, in H in eine Reihe in H irreduzibler Faktoren zerfällt: $f(x) = \prod_j g_j(x)$, so daß $g_j(x)$ in Δ entweder irreduzibel bleibt oder in Linearfaktoren zerfällt.

A. Sei H zwischen K und Δ hypernormal. Dann ist jeder Automorphismus von Δ_ν über H unter gleichzeitigem elementweisem Invarianthalten von $\Delta_\mu \neq \Delta_\nu$ ausführbar; also bleibt $\Delta_\nu \frown \Delta_\mu$ bei allen Automorphismen von Δ_ν über H ebenfalls elementweise invariant; wegen Ia des § 1 ist also $\Delta_\nu \frown \Delta_\mu = H$.

Besitzt weiter das in K irreduzible Polynom $f(x)$ zwar in Δ, aber nicht in H Nullstellen und ist $f(x) = \prod_j g_j(x)$, wo die $g_j(x)$ in H irreduzibel seien, dann zerfällt $g_j(x)$ in Δ in Linearfaktoren, wenn es überhaupt eine Nullstelle in Δ besitzt.

Habe also $g_j(x)$ in Δ keine Nullstellen und seien α_1 und α_2 zwei Nullstellen von $g_j(x)$; dann gibt es wegen I des § 1 ein Δ_ν, dem beide α_i $(i = 1, 2)$ angehören, da Δ_ν über H normal ist. Ebenfalls wegen I von § 1 gibt es dann einen Automorphismus von Δ_ν über H, bei dem α_1 in α_2 übergeht; da aber H zwischen K und Δ hypernormal ist, so muß sich dieser Automorphismus von Δ_ν unter gleichzeitigem elementweisem Invariantlassen von Δ ausführen lassen; daraus folgt aber wegen I des § 1, daß $g_j(x)$ in Δ irreduzibel ist.

B. Seien die Bedingungen 1., 2. des Satzes 6 erfüllt. Dann folgt aus 2., daß ein in H irreduzibles Polynom in Δ dann und nur dann Nullstellen hat, wenn es in Δ in Linearfaktoren zerfällt, d. h. Δ und also jedes Δ_ν ist über H normal.

Weiter ist die Bedingung 2. auch für jedes Δ_ν erfüllt, da durch einen Isomorphismus Δ in Δ_ν und H in sich übergeführt werden kann.

Sind also a_1 und a_2 irgendzwei Elemente von Δ_ν, die durch einen Automorphismus von Δ_ν über H ineinander (a_1 in a_2) übergeführt werden können, so folgt aus I des § 1, daß dies auch unter elementweisem Invarianthalten aller übrigen Δ_ν ausgeführt werden kann, da ja wegen 1. ein $g_j(x)$ nur in einem Δ_ν in Linearfaktoren zerfallen kann. Hieraus schließt man in üblicher Weise [ev. unter Benutzung transfiniter Induktion], daß auch die Bedingung 2. der Definition 3. erfüllt ist.

Zusatz 1: *Ist H zwischen K und Δ hypernormal, so gibt es nur endlich viele über K zu Δ konjugierte Körper; ist* n *ihre Anzahl, so ist der Grad jeder in K irreduziblen Gleichung, die in Δ, aber nicht in H Nullstellen hat, ein Vielfaches von* n.

Sei $f(x) = \prod_j g_j(x)$ ein in K irreduzibles Polynom, das in Δ, aber nicht in H Nullstellen hat. Dann hat wegen Satz 6 ein jedes $g_j(x)$ seine sämtlichen Nullstellen in einem und nur in einem Δ_ν und durch diese Zuordnung werden jedem Δ_ν solche $g_j(x)$ zugeordnet. Weiter folgt hieraus und aus Satz 6, 1, daß die Nullstellen von $f(x)$ in genau n gleichgroße, untereinander fremde Systeme eingeteilt werden können, so daß zwischen den Systemen und den Δ_ν eine eineindeutige Zuordnung besteht, so daß jedes System in dem zugeordneten Δ_ν enthalten ist.

Satz 7: *Ist B 2. Art und frei unter A, so ist*

1. die Zahl der zu A über K konjugierten Körper endlich,

2. $A_\nu \frown A_\mu = \Gamma(K < B)$, wenn A_ν, A_μ nicht ähnlich sind.

3. Sind A_ν und A_μ ähnlich und ist $A_\nu \neq A_\mu$, so ist

a.) $A_\nu \frown A_\mu = \Gamma(K < B)$, wenn die Zahl der Elemente einer Klasse ähnlicher Körper $\neq 2$ ist,

b.) $A_\nu \frown A_\mu$ quadratisch über $\Gamma(K < B)$, wenn die Zahl der Elemente einer Klasse ähnlicher Körper $= 2$ ist.

Aus Satz 5a und 6 sowie aus Satz 6 des § 3 folgt 1. 2. folgt aus Satz 5a, 2 und Satz 6. Schließlich folgt 3. aus Satz 5a, 1 und den Sätzen 2, 3 des § 2.

Auf zwei Spezialfälle sei noch hingewiesen:

1. ist die Zahl der Elemente einer Klasse ähnlicher Körper $= 1$, so ist $A = \bar{A}$ über $\Gamma(K < B)$ normal.

2. ist im Sinne des Satz 13, 4 des § 2 C = K, so ist B dann und nur dann frei unter A, wenn A sogar frei über $\Gamma(K < B)$ ist [unter $\bar{A}$].

FSC
www.fsc.org
MIX
Papier | Fördert
gute Waldnutzung
FSC® C083411

Zeitfracht Medien GmbH
Ferdinand-Jühlke-Straße 7
99095 Erfurt, Deutschland
produktsicherheit@kolibri360.de